Kamlakar Nandekar

Novas aplicações de AIML na gestão de resíduos e tratamento de água

Kamlakar Nandekar

Novas aplicações de AIML na gestão de resíduos e tratamento de água

Uma nova abordagem para a gestão de resíduos e o tratamento de águas

ScienciaScripts

Imprint
Any brand names and product names mentioned in this book are subject to trademark, brand or patent protection and are trademarks or registered trademarks of their respective holders. The use of brand names, product names, common names, trade names, product descriptions etc. even without a particular marking in this work is in no way to be construed to mean that such names may be regarded as unrestricted in respect of trademark and brand protection legislation and could thus be used by anyone.

Cover image: www.ingimage.com

This book is a translation from the original published under ISBN 978-620-8-01235-9.

Publisher:
Sciencia Scripts
is a trademark of
Dodo Books Indian Ocean Ltd. and OmniScriptum S.R.L publishing group

120 High Road, East Finchley, London, N2 9ED, United Kingdom
Str. Armeneasca 28/1, office 1, Chisinau MD-2012, Republic of Moldova, Europe
Printed at: see last page
ISBN: 978-620-6-75447-3

Resumo

A inteligência artificial e a aprendizagem automática (AIML) desempenham um papel muito importante na promoção de práticas sustentáveis de gestão de resíduos e de tratamento de águas residuais. A gestão inteligente e sustentável dos resíduos, incluindo os resíduos sólidos urbanos, os resíduos de plástico, os resíduos electrónicos, os resíduos biomédicos, os resíduos de construção e demolição e o tratamento das águas residuais, exige tecnologias inteligentes. A tendência da inteligência artificial e da aprendizagem automática (AIML) tem sido desenvolvida na classificação de resíduos, na gestão de resíduos urbanos, plásticos, electrónicos, biomédicos, de construção e demolição e no tratamento de águas residuais como ferramentas mais precisas e eficientes.

Este artigo de revisão sistemática inclui um estudo aprofundado de quinze anos de trabalhos de investigação, de 2009 a 2024, para o desenvolvimento de tendências em inteligência artificial e aprendizagem automática (AIML) na gestão de resíduos e no tratamento de águas residuais. A novidade deste artigo de revisão é o facto de termos destacado as novas aplicações da inteligência artificial e da aprendizagem automática (AIML) na gestão de resíduos e no tratamento de águas residuais neste livro. Este livro é útil para todos os tipos de intervenientes na gestão de resíduos, incluindo municípios, académicos, investigadores, decisores políticos e o governo. Com base num inquérito bibliográfico, concluiu-se que a tendência das ferramentas de inteligência artificial e de aprendizagem automática (AIML) tem encontrado mais aplicações em todos os tipos de categorias de resíduos e de tratamento de águas residuais. Estas ferramentas AIML são respeitadoras do ambiente, viáveis, têm a capacidade de prever os resíduos e constituem a solução mais eficaz e potencial para as crises actuais e futuras da gestão de resíduos. É também utilizada para manter o equilíbrio do ecossistema, manter a segurança e tomar precauções, gerir resíduos inteligentes, garantir a segurança sanitária e prevenir a poluição.

Palavras-chave: Gestão de Resíduos, Águas Residuais, Inteligência Artificial, Aprendizagem Automática, Sustentabilidade.

Introdução

A eliminação incorrecta do lixo acarreta inúmeros riscos para o ambiente e para a saúde, incluindo a contaminação das águas subterrâneas, a destruição do solo, o aumento do desenvolvimento de cancro, a mortalidade infantil e as deficiências congénitas. Mas à medida que a inteligência artificial se torna mais prevalecente, o sector da gestão de resíduos está a mudar drasticamente para se tornar mais rentável e sustentável. A inteligência artificial tem aplicações versáteis e está a ser utilizada na transformação de resíduos em energia, contentores inteligentes, robôs de triagem de resíduos, modelos de geração de resíduos, monitorização e rastreio de resíduos, pirólise de plásticos, transportes, eliminação de resíduos, descargas ilegais, recuperação de recursos, cidades inteligentes, eficácia de processos, redução de despesas e melhoria do bem-estar público. A logística de resíduos pode poupar até 13,35% de dinheiro, até 28,22% de tempo e até 36,8% de distância de transporte através da utilização de inteligência artificial. Os resíduos podem ser identificados e selecionados utilizando a inteligência artificial com uma precisão de 72,8 a 99,95%. A conversão de energia, a estimativa das emissões de carbono e a pirólise de resíduos são melhoradas quando a inteligência artificial e a investigação química são combinadas[1].

A IA é utilizada para otimização e utilização, a aprendizagem automática para previsão, o algoritmo e o reconhecimento de padrões para sistemas de aprendizagem e a gestão e transporte de fontes de energia. Com base em domínios significativos relacionados com a energia, foi revelado que a inteligência artificial (IA) e a aprendizagem automática (AM) são atualmente utilizadas numa parte limitada da indústria energética e têm um potencial de integração promissor noutras áreas. A visão subjacente à inteligência artificial (IA) e à aprendizagem automática (AM) consiste em utilizar os computadores para reproduzir as decisões humanas, bem como os processos de aprendizagem. A IA e a aprendizagem automática estão a tornar-se campos cada vez mais importantes numa vasta gama de domínios científicos e industriais, em resultado dos avanços nos sistemas informáticos. O sector da energia é um dos que mais beneficia com a IA e a AM. Utilizámos o software de visualização VOS para examinar as aplicações relativamente recentes de IA e ML no sector da energia e sugerir domínios interessantes ou subutilizados onde estas ideias podem ser aplicadas. Isto permitiu-nos verificar a situação atual da IA e da AM nos domínios relacionados com os recursos. O desenvolvimento da tecnologia de inteligência artificial (IA) oferece uma nova forma de efetuar uma separação, reutilização e reciclagem eficazes dos resíduos e uma gestão da classificação dos resíduos. Esta nova abordagem implica, em primeiro lugar, a aplicação de estudos pertinentes de IA e o desenvolvimento de produtos úteis para a deposição de resíduos, a recolha de classificação e os métodos de triagem. [2-3]. O cerne da gestão sustentável dos resíduos é a ideia de uma economia circular, na qual os recursos são reciclados e reutilizados. A Inteligência Artificial (IA) melhora a eficiência e a precisão dos processos de reciclagem, facilitando a identificação e a triagem dos materiais recicláveis. A composição e as caraterísticas de vários fluxos de resíduos podem ser analisadas utilizando algoritmos de aprendizagem automática, o que melhora a identificação de materiais recicláveis e simplifica os processos de reciclagem. Além disso, a IA pode apoiar a criação de tecnologias de reciclagem de ponta, como sistemas robóticos que automatizam a desmontagem e a separação de componentes de resíduos electrónicos, ajudando a promover um método mais ecológico de tratamento de resíduos.

São utilizados vários métodos estatísticos e matemáticos para determinar o bom funcionamento dos modelos e algoritmos de aprendizagem automática. Utilizando a experiência adquirida durante a formação, o modelo treinado pode ser utilizado para classificar, prever ou agrupar novos exemplos (dados de teste) uma vez concluído o processo de aprendizagem. A aprendizagem automática é o estudo da aprendizagem automática para prever o futuro com elevada precisão a partir de dados históricos. Mecanismos da aprendizagem automática Da mesma forma, nem todas as técnicas de aprendizagem automática são iguais. Diferentes tipos funcionam melhor para determinadas dificuldades, enquanto outros funcionam melhor para diferentes tipos de dificuldades. Por este motivo, é imperativo experimentar vários modelos de aprendizagem automática [4]. As várias estratégias de aprendizagem automática aplicadas ao problema da gestão dos resíduos. A base da inteligência artificial é a aprendizagem automática [5]. A análise de grandes volumes de dados, combinada com a aprendizagem automática e a inteligência artificial, aumentou a produtividade no domínio da computação e abriu novas vias para o estudo intensivo de dados neste domínio multifacetado [6]. Um facilitador crucial do crescimento sustentável será a transformação digital, que é estabelecida por avanços contínuos em IA [7], conetividade, digitalização da informação, fabrico aditivo, realidade virtual, ML, cadeias de blocos, robótica, computação quântica e biologia sintética", de acordo com o Relatório sobre o Desenvolvimento Sustentável Global [8]. Os Objectivos de Desenvolvimento Sustentável (ODS) dependerão em grande medida da IA, que também tem potencial para resolver os maiores problemas da humanidade [9]. As novas aplicações da AIML na gestão de resíduos e no tratamento de águas residuais são apresentadas na Figura-1. Neste artigo de revisão, são explicadas em pormenor as novas aplicações da inteligência artificial (IA) e da aprendizagem automática (ML) na classificação avançada de resíduos, resíduos sólidos urbanos, resíduos de plástico, resíduos electrónicos, resíduos de cuidados de saúde e biomédicos, gestão de resíduos de construção e demolição (C&D) e tratamento de águas residuais. A inteligência artificial tem-se mantido como uma das principais tendências tecnológicas nos últimos 20 anos. A inteligência artificial (IA) está a alterar quase todas as grandes indústrias, da publicidade aos cuidados de saúde, e a melhorar o mundo. Todos os dias, a inteligência artificial (IA) é utilizada em objectos pequenos e banais, como os Roombas, para eliminar barreiras a casos de utilização maiores, como o diagnóstico médico e a imagiologia. A gestão de resíduos é outro sector em que a IA tem um grande potencial. O Banco Mundial prevê que, entre 2020 e 2050, a quantidade de lixo gerido anualmente aumentará 73%, para mais de 3,88 mil milhões. A inteligência artificial (IA) revolucionou uma série de facetas da nossa vida e é atualmente predominante nos sectores do retalho, dos transportes e das comunicações. A gestão de resíduos é, no entanto, uma área em que a IA está a fazer avançar significativamente o desenvolvimento sustentável. Neste artigo, analisaremos a forma como a inteligência artificial (IA) está a alterar os procedimentos de gestão de resíduos para criar opções amigas do ambiente.

Fig.1: Novas aplicações da AIML na gestão de resíduos e no tratamento de águas residuais.

Revisão da literatura

Maryam Abbasi et al. examinaram a exatidão da previsão de quatro algoritmos de sistemas inteligentes - máquina de vectores de suporte (SVM), rede neural artificial (ANN), sistema de inferência neuro-fuzzy adaptativo (ANFIS) e k-vizinhos mais próximos (KNN) - na previsão da produção mensal de resíduos na região do Conselho Municipal de Logan, em Queensland, Austrália. Os resultados da investigação mostraram que, como os modelos de inteligência artificial têm um bom desempenho de previsão, podem ser utilizados para efetuar previsões de resíduos sólidos urbanos. [10]. A fim de analisar a aplicação da IA em vários sectores da gestão de resíduos sólidos urbanos, como a previsão das caraterísticas dos resíduos, a deteção do nível dos contentores de lixo, a previsão dos parâmetros do processo, o encaminhamento de veículos e o planeamento da gestão de resíduos sólidos urbanos, Mohamed Abdallah et al. recolheram 85 publicações de investigação publicadas entre 2004 e 2019[11].

Para prever a quantidade de RSU em Joanesburgo, África do Sul, O.O. Ayeleru et al. trabalharam com máquinas de vectores suportados (SVM) e redes neurais artificiais (RNA). Também foi observado que a técnica de aprendizagem automática funciona bem para criar modelos de previsão para RSU [12]. David B. Olawade et al. salientaram a gestão inteligente de resíduos com a necessidade de quadros de colaboração e iniciativas legislativas, melhorias na aprendizagem automática e integração da IA com a Internet das Coisas (IoT) [13].

Igor Pinhal Luqueci Thomaz e colegas [14] exploraram a aplicação potencial da inteligência artificial na gestão do lixo. Eles descobriram um modelo de Rede Neural Artificial (RNA) que pode ser utilizado para preencher as lacunas relativas ao tempo de pandemia. Este modelo é alimentado por uma combinação de dados do Sistema de Saneamento, PIB, Abastecimento de Água Potável e População.

Uma investigação exaustiva dos avanços mais recentes na aplicação de técnicas de IA à gestão de resíduos sólidos foi anteriormente efectuada por Ihsanullah et al. Utilizando uma série de técnicas de IA e híbridas, foi possível estimar os efeitos benéficos de múltiplas técnicas para a produção, separação, armazenamento e tratamento de resíduos sólidos [15]. Com uma estrutura triádica, o quadro de explicabilidade de Mehrdad Arashpour centra-se na entrada, no modelo de IA e na saída [16]. A utilização de aprendizagem automática avançada para uma classificação fiável dos resíduos, uma condição prévia para a aplicação de estratégias sustentáveis de gestão dos resíduos, foi destacada por Rapeepan Pitakaso et. al. [17] na inteligência artificial melhorada para o sistema de classificação dos resíduos urbanos infecciosos. Devika Kannan et al.[18] apresentam uma análise exaustiva da literatura sobre a utilização de tecnologias I4.0 em actividades de gestão sustentável de resíduos no que respeita a categorias de resíduos, procedimentos de gestão de resíduos e estratégias 5R. A utilidade da aplicação de modelos de aprendizagem automática (ML) para prever a lixiviação a longo prazo de compostos pertinentes dos resíduos de construção e demolição (RCD) foi demonstrada por Amirhossein Ershadi et al.[19]. Aproveitando as redes neutras artificiais (RNA), Ankun Xu et al. efectuaram uma avaliação crítica, oferecendo aos investigadores um conhecimento aprofundado tanto da gestão geral de resíduos como de estudos especializados de RNA sobre desafios relacionados com os resíduos sólidos [20]. Weisheng Lu et al.[21] efectuaram uma revisão exaustiva da literatura académica para compreender os antecedentes, o estado atual e as perspectivas da área da triagem do lixo com base em CV. É possível selecionar o lixo utilizando algoritmos CV comuns de forma inteligente. A criação de um sistema inteligente de triagem de resíduos sólidos urbanos (RSU) para materiais recicláveis foi descrita por Yu-Hao Lin et al.[22] Foi sugerido que um robô equipado com um algoritmo sofisticado de deteção de aprendizagem profunda (DL) poderia melhorar o processo de triagem. O objetivo de um robô inteligente equipado com um algoritmo de deteção DL era melhorar a gestão dos resíduos e as capacidades de deteção de objectos. O desempenho dos modelos de aprendizagem profunda mais representativos para a localização e categorização em tempo real de resíduos de construção e demolição (também conhecidos como RCD) foi explorado por Demetris Demetriou et al. [23]. A IA está a tornar-se cada vez mais comum no tratamento de águas residuais. O facto de as empresas e as organizações de investigação estarem a fazer investimentos significativos neste domínio não é surpreendente. A aplicação da inteligência artificial na gestão de sistemas de tratamento de águas residuais oferece inúmeras vantagens.

Reduzir a utilização de água é um dos métodos para diminuir o consumo de energia, ao contrário de utilizar muita água, que necessita de mais energia para bombear e misturar. Quando um sistema de IA determina a quantidade de que necessita num determinado momento, podem ser utilizadas quantidades mais pequenas. Isto depende de variáveis como a velocidade do caudal e a temperatura. A menor necessidade de intervenção humana significa que isto também pode ajudar na monitorização e no controlo. Foi criado um modelo utilizando as estruturas Faster-RCNN, SSD e YOLO. A natureza complexa do CDW em ambientes de trabalho é ainda demonstrada através da utilização de um conjunto de dados separado. Os modelos neuronais foram utilizados por Sunayana et al.[24] para antecipar a produção mensal de RSU a curto prazo em Nagpur, na Índia, até ao ano 2023. A fim de determinar as melhores soluções para as rotas de recolha de lixo, Mahmuda Akhtar et al. propuseram um algoritmo de pesquisa backtracking modificado (BSA) em modelos de problemas de encaminhamento de veículos capacitados (CVRP) utilizando a ideia do contentor inteligente. As distâncias totais das rotas de recolha de lixo são minimizadas pela função objetivo. Para minimizar a distância e reduzir o número de caixotes do lixo que têm de ser esvaziados, o estudo apresenta a ideia do nível de resíduos limiar (TWL) dos caixotes do lixo[25]. Khanh Nguyen-Trong et al. elaboram uma abordagem integrada para maximizar a estratégia de recolha e transporte de resíduos sólidos urbanos. O modelo é composto por duas etapas. Em primeiro lugar, é aplicado o problema tradicional de encaminhamento de veículos e o plano ótimo de cada veículo é encontrado através de programação linear inteira mista. Em segundo lugar, um modelo baseado em agentes é acoplado ao SIG. A estratégia melhorada é então testada utilizando o nosso modelo baseado em agentes (ABM) para ver o seu desempenho num ambiente em mudança [26]. Para encontrar as soluções óptimas de recolha de lixo e de otimização de rotas, M.A. Hannan et al. sugerem a modificação da técnica de otimização por enxame de partículas (PSO) num modelo de problema de rotas de veículos capacitados (CVRP). O modelo CVRP baseado em PSO utiliza as ideias de programação e de limiar de nível de resíduos (TWL) em vários conjuntos de dados [27]. Kourosh Behzadian et al. desenvolveram uma estrutura baseada em IA em três etapas para avaliar e otimizar a produção de biogás a partir de uma unidade de micro-AD real. A estrutura é constituída por vários componentes-chave, tais como a imputação e a recolha de dados, um modelo de rede neural recorrente/exógeno autoregressivo não linear (NARX), um modelo de otimização para o algoritmo de salto de sapo baralhado (SFLA) e uma análise de sensibilidade [28]. A classificação em linha de películas de polímeros com técnicas de aprendizagem automática foi efectuada por G. Koinig et. al. Além disso, identificam e classificam com precisão as películas de polímeros multicamadas utilizando a aprendizagem automática e uma técnica de abstração [29].

Inteligência Artificial e Gestão de Resíduos Plásticos:

A afinação do DETR (deteção de objectos com transformador), que utiliza inteligência artificial no mecanismo de classificação do lixo de plástico, é sugerida por Tri Thanh Nguyen et al. Estes autores examinaram as potenciais desvantagens da afinação do DETR, bem como a sua aplicação no domínio da classificação do lixo de plástico. O ajuste fino do DETR é robusto e adequado para classificar o lixo plástico em sistemas e aplicações do mundo real. Ao utilizar as capacidades da arquitetura baseada em transformadores, a otimização do DETR oferece um método único para gerir aplicações que envolvam muita desordem[30]. O mapeamento da cor do padrão de semelhança espetral relativa (RSSPCM), uma técnica de extração, foi destacado por Youngjun Jeon et al. como uma forma fiável de categorizar coisas em cenários ruidosos, como o lixo plástico [31]. Após a triagem, a IA pode ajudar a encontrar métodos novos e menos nocivos para eliminar os resíduos de plástico. Numa fração de segundo, certos algoritmos de aprendizagem automática podem avaliar dezenas de milhões de escolhas. Ao fazê-lo, os investigadores conseguem identificar os melhores métodos para eliminar o plástico que, de outra forma, poderiam não ter pensado. Isto foi recentemente conseguido por investigadores da Universidade do Texas em Austin. Utilizando uma poderosa técnica de aprendizagem automática, descobriram uma enzima que degrada o plástico em horas, em vez dos habituais anos. Para determinar qual a mutação enzimática que produziria os melhores resultados, o software analisou uma variedade de enzimas. Estas descobertas podem exigir semanas ou meses de trabalho de laboratório e investigação sem IA. O processo pode ser acelerado pela aprendizagem automática, que pode efetuar várias simulações precisas em simultâneo.

Anoosha M. et.al. Empregando a arquitetura YOLOv8, permite a classificação exacta dos plásticos nas categorias de politereftalato de etileno (PETE), polietileno de alta densidade (HDPE), polietileno de baixa densidade (LDPE0 e cloreto de polivinilo (PVC) em função da espessura. Para tal, é utilizada a inclusão de elementos de hardware como sensores ultra-sónicos e NodeMCU para detetar variações de espessura [32]. Para além de se centrar na separação automática de resíduos não biodegradáveis através de técnicas de inteligência artificial (IA), o modelo de segregador e decompositor de resíduos (WSD) proposto por R. Anitha et al. também enquadra uma estratégia de deterioração eficiente para plásticos sintéticos de uso comum através de novos microrganismos e enzimas associadas. R. Anitha et al. propuseram uma estrutura WSD para a segregação e degradação eficientes de resíduos de materiais plásticos. A interação entre os plásticos e as comunidades microbianas deve ser investigada imediatamente, uma vez que os impactos das bactérias que decompõem os plásticos e outros materiais não biodegradáveis são pouco conhecidos [33].

Entre as iniciativas centradas no futuro que irão aumentar a eficácia da reciclagem de resíduos de plástico incluem-se a inteligência artificial (IA) multissensorial proposta por Katarzyna Bernat para separar o lixo de plástico e a plataforma de triagem de cadeias de blocos para a economia circular dos resíduos de plástico. O desenvolvimento de métodos de recolha de plásticos reciclados pós-consumo e de procedimentos de triagem é o principal tema da presente análise. As melhores práticas e as melhores tecnologias disponíveis são os principais pontos de destaque. Dado que os avanços nos sistemas de separação e triagem estão indissociavelmente ligados às estratégias de recolha de lixo, os sistemas de recolha separada de plásticos recicláveis são introduzidos e examinados juntamente com as correspondentes soluções técnicas de recolha e triagem [34].

Inteligência Artificial e Gestão de Resíduos Electrónicos:

Técnica de inteligência artificial (AIT) para analisar contaminantes nocivos nos resíduos electrónicos e o seu impacto na saúde humana, no clima e nas estratégias de gestão em determinadas nações, Jie Chen et al. Para gerir os resíduos electrónicos, estão a ser desenvolvidas Técnicas de Inteligência Artificial (AIT), particularmente com base em metodologias populares como a Responsabilidade Alargada do Produtor (REP), a Análise Multicritério (ACM) e a Avaliação do Ciclo de Vida (ACV) [35]. O modelo de veículo sugerido por Piotr Nowakowski et al. pode ser utilizado para recolher resíduos electrónicos em locais com um número limitado de lugares de estacionamento ou onde o tempo de estacionamento é restrito, como em centros urbanos muito populosos [36]. Um dispositivo robótico móvel foi apresentado por AV Shreyas Madhav et al. como um substituto do trabalho manual na classificação e recolha de lixo eletrónico doméstico. A estratégia descrita neste artigo pretende melhorar a situação financeira do governo e oferecer respostas para a vida difícil dos trabalhadores do lixo [37]. Para facilitar a comunicação entre quem solicita equipamentos de recolha de resíduos, registo de dados e solução VRPTW, Piotr Nowakowski et al. apresentam um algoritmo e um modelo produtivo do sistema online. Quatro algoritmos (simulated annealing, tabu search, greedy e bee colony optimization) estão incluídos no sistema como modelação paramétrica [38]. A técnica de programação de expressão genética (GEP) baseada em metaheurística desenvolvida por Mohsin Ali Khan et al. fornece uma expressão fácil de compreender para os parâmetros de resistência mecânica do betão de materiais de resíduos electrónicos. A variação é apresentada tendo em conta os dados lineares e não lineares. Com a equação que os modelos GEP nos forneceram, foi possível fazer uma previsão manual utilizando os números actuais [39]. As taxas de reciclagem mais elevadas resultam do facto de a velocidade e a precisão do processamento dos resíduos electrónicos terem sido grandemente melhoradas pela automatização baseada na IA. Assim, uma maior proporção de equipamentos electrónicos pode ser reciclada, diminuindo os efeitos negativos de uma eliminação inadequada no ambiente. A IA ajuda a poupar recursos ao permitir uma triagem precisa e a recuperação de materiais. É possível recuperar eficazmente recursos valiosos como o ouro, a prata e o cobre, o que elimina a necessidade de operações de extração mineira que prejudicam o ambiente. Ao reduzir o impacto ambiental da eliminação de resíduos electrónicos, a inteligência artificial na gestão de resíduos electrónicos desempenha um papel fundamental na conservação do ambiente. A adesão a protocolos de reciclagem adequados facilita a diminuição das substâncias nocivas e dos contaminantes associados aos resíduos electrónicos. As soluções de gestão de resíduos electrónicos baseadas em IA estimulam o desenvolvimento de uma economia circular, abrindo novas perspectivas de negócio.

Inteligência Artificial e Gestão de Resíduos Biomédicos:

A fim de otimizar a afetação de recursos e reduzir os riscos associados aos resíduos biomédicos, Tripti Malik et al. investigam a aplicação da inteligência artificial (IA) através de modelos de aprendizagem automática e de aprendizagem profunda nos processos de recolha, segregação, transporte, eliminação e monitorização. Os algoritmos de IA são também utilizados para a previsão e a tomada de decisões nestes processos [40].

A importância dos critérios de auditoria ambiental no sector da saúde é examinada, juntamente com técnicas alternativas de gestão de resíduos, como o modelo robótico - uma ferramenta de inteligência artificial utilizada para gerir resíduos biológicos em grande escala [41]. Nallapaneni Manoj Kumar et al. propuseram um mecanismo baseado na inteligência artificial para separar os fluxos de resíduos hospitalares ligados à COVID-19 e facilitar a tomada de decisões baseadas em dados para práticas inteligentes de economia circular [42]. Alguns dos objectivos sugeridos para este esforço são tidos em consideração por Poorva Agrawal et al.: identificar rotas potenciais, analisar o risco envolvido na recolha e transporte de resíduos e descobrir o comprimento ideal da rota[43]. Embora os desafios da integração da IA não sejam triviais, os benefícios - que vão desde a poupança de custos e a redução do impacto ambiental até à melhoria da conformidade regulamentar - fazem com que o investimento valha a pena. Os hospitais e os sistemas de saúde que adoptarem esta tecnologia não só optimizarão os seus processos operacionais, como também contribuirão para um ecossistema de cuidados de saúde mais sustentável.

Inteligência Artificial e Tratamento de Águas Residuais:

Shubo Zhang et al. forneceram uma visão geral do estado de desenvolvimento da tecnologia de IA no tratamento de águas residuais e geraram previsões lógicas para futuras direcções científicas. A remoção de contaminantes comuns e emergentes foi avaliada, os parâmetros do processo foram optimizados e os modelos de previsão da qualidade da água foram optimizados e avaliados com ênfase na remoção de componentes tradicionais. Isto foi determinado pela análise de coocorrência de palavras-chave [44]. Tecnologia, economia, gestão e reutilização de águas residuais são as quatro facetas da utilização da inteligência artificial no tratamento de águas residuais que Lin Zhao et al. analisaram sistematicamente. Em suma, os autores oferecem uma perspetiva de possíveis caminhos futuros para novas áreas de investigação na aplicação da inteligência artificial em instalações de tratamento de águas residuais que, simultaneamente, abordam questões relacionadas com a gestão de aplicações práticas complexas, a redução de custos, a remoção de poluentes e a reutilização da água [45].

As tecnologias de IA foram utilizadas por Soma Safeer et al. para determinar a qualidade da água de origem, efetuar a coagulação/floculação, a desinfeção, a filtração por membranas, a dessalinização, modelar estações de tratamento de águas residuais, prever a incrustação de membranas, remover produtos químicos tóxicos e monitorizar os níveis de carência biológica e química de oxigénio (CBO e CQO). Além disso, o desempenho de várias tecnologias de IA demonstra até que ponto estas tecnologias têm sido aplicadas em aplicações relacionadas com o tratamento da água [46]. Os modelos mais amplamente aplicados no tratamento de águas residuais contêm memória de longo prazo (LSTM), floresta aleatória (RF), algoritmos de lógica difusa (FL) e redes neurais artificiais (ANN), de acordo com um estudo de revisão efectuado por Nitin Kumar Singh et al. [47]. Vahid Nourani et al. adoptaram modelos não lineares baseados na inteligência artificial, como a rede neural feed forward (FFNN), o sistema de inferência neuro-fuzzy adaptativo (ANFIS), a máquina de vectores de apoio (SVM) e um método clássico de regressão multilinear (MLR), para antecipar a eficácia da estação de tratamento de águas residuais de Nicósia (NWWTP) em termos de carência biológica de oxigénio (BODeff), carência química de oxigénio (CODeff) e azoto total (TNeff)[48]. Arti Malviya et al. definem a investigação usando cada modelo potencial de IA utilizado no tratamento da água, o que aumentou a precisão da percentagem de remoção de poluentes de 84% a 90%. Fazem-no com ênfase na remediação de contaminantes, acessibilidade, economia de energia e gestão da água. Também dão opiniões sobre potenciais caminhos futuros para estudos de ponta nesta área [49]. O tratamento de águas residuais está a adotar uma nova tecnologia chamada inteligência artificial. A inteligência artificial pode ser utilizada para prever acontecimentos e melhorar os sistemas de controlo sem depender da intervenção humana. Embora existam muitos tipos diferentes de inteligência artificial, a modelação, a visão por computador e a aprendizagem automática são as aplicações mais utilizadas. Os sistemas de controlo que ajudam as estações de tratamento de águas a funcionar de forma mais eficiente são assistidos por inteligência artificial. A previsibilidade é o objetivo da utilização da inteligência artificial no tratamento de águas residuais. O objetivo é garantir que a inteligência artificial tem pouco ou nenhum impacto no comportamento humano. A inteligência artificial é uma nova tecnologia na gestão do tratamento de águas residuais.

Os modelos baseados em IA utilizados para o tratamento de águas residuais de diferentes fontes são abordados por Mohammadreza Kamali et al., juntamente com uma discussão sobre as vantagens e desvantagens de cada modelo [50]. A utilização de vários algoritmos baseados em IA para prever a CBO5 e a CQO dos efluentes de ETAR é examinada por Ehsan Aghdam et al. Quando comparável com outros métodos baseados em IA para ETAR, o modelo baseado em GEP produz resultados mais exactos [51]. Majid Gholami Shirkoohi et al. descrevem aplicações de abordagens de inteligência artificial para a modelação de RNA e a otimização de processos electroquímicos para o tratamento de água e de águas residuais[52].

Inteligência Artificial e Resíduos de Construção e Demolição:

Para regular corretamente os resíduos de construção e demolição, é necessário um elevado nível de tecnicidade e um investimento financeiro significativo. Tauha Hussain Ali et al. utilizaram a inteligência artificial (IA) para conceber uma estrutura concetual para um sistema eficiente de gestão de resíduos de construção (SGE), que poderia determinar o melhor método a aplicar aos resíduos gerados [53]. A robótica e a inteligência artificial (IA) estão a ser cada vez mais utilizadas em estudos de triagem de resíduos de C&D, como demonstram Shanuka Dodampegama et al. Embora a IA esteja mais ativamente envolvida neste domínio do que a robótica, um grande obstáculo ao avanço da IA é a falta de conjuntos de dados de resíduos de C&D acessíveis ao público com múltiplas entradas sensoriais [54]. Com o objetivo de criar uma ferramenta informática para prever a quantidade de materiais de construção que podem ser obtidos a partir de exercícios de demolição de edifícios, Lukman A. Akanbi et al. utilizaram a técnica de aprendizagem profunda [55]. Um modelo híbrido que pode aumentar a capacidade de previsão dos algoritmos actuais num ambiente de dados com um pequeno conjunto de dados constituído por variáveis categóricas foi estudado por Gi-Wook Cha et al. Pela primeira vez na história da gestão de RCD, foi criado neste estudo um novo modelo de previsão de RCD utilizando a CATPCA. O desempenho do modelo preditivo de DWG, bem como o das técnicas ANN (MLP), SVMR e IA híbrida, foi melhorado pela aplicação da tecnologia CAPTCA [56]. Os modelos MLP-ANN criados por Gulnur Coskuner et al. são úteis para a previsão de WGRs de várias fontes e podem ser vistos como uma técnica com um preço razoável[57]. Ke Zhang et al. apresentaram uma nova abordagem de estudo baseada em algoritmos de aprendizagem automática baseados em Python (NLTK e YAKE) e em programas de visualização de dados para compreender a evolução do crescimento intelectual e a pegada científica dos avanços no domínio da MDL. Os resultados mostraram que, quando os ODS foram anunciados, houve um aumento notável na quantidade de investigação efectuada sobre a MDLC e a sua relação com os ODS[58]. Yu Gao et al. descrevem um fluxo de trabalho genérico em cinco etapas para aplicar a aprendizagem automática à gestão de RCD. Este estudo salienta cinco questões relacionadas com a investigação anterior e sugere cinco vias distintas para investigação futura através de uma análise crítica e de conteúdo: (1) construir conjuntos de dados públicos de referência de qualidade superior para hulticlasse; (2) aumentar a complexidade do modelo e reproduzir cenários do mundo real; (3) dar ênfase ao transporte de resíduos, à eliminação e às descargas ilícitas; (4) classificar com precisão os materiais que partilham uma aparência semelhante; e (5) melhorar a explicabilidade e a replicabilidade do modelo[59]. Kunsen Lin, Youcai Zhao, et al. desenvolveram uma técnica altamente eficaz para separar com precisão os resíduos de construção e demolição. Trata-se de um passo crucial para o avanço do sistema de reciclagem com vista a alcançar a neutralidade carbónica na indústria de gestão de resíduos[60]. V. NezerkaV. et al. criaram um método assistido por aprendizagem automática para identificar fragmentos de RCD utilizando uma câmara RGB, a fim de combater a triagem incorrecta dos resíduos de construção e demolição (RCD), que tem graves efeitos negativos no ambiente e na economia[61]. Yuedong Ku et al. propõem um robô para selecionar os RCD; este robô é utilizado para separar finamente uma grande quantidade de coisas antes de as misturar e triturar. A utilização do robot aumenta o nível de eficiência dos recursos dos RCD[62]. Adriana Trocoli et al. sugeriram um modelo ANN que permite uma previsão altamente fiável da resistência à compressão do betão reciclado em várias idades de hidratação. Assim, não será necessário criar e avaliar um número significativo de amostras de betão em laboratório para utilizar esta equação de previsão produzida pela RNA. Isto simplifica muito o processo de determinação do comportamento mecânico do betão reciclado [63].

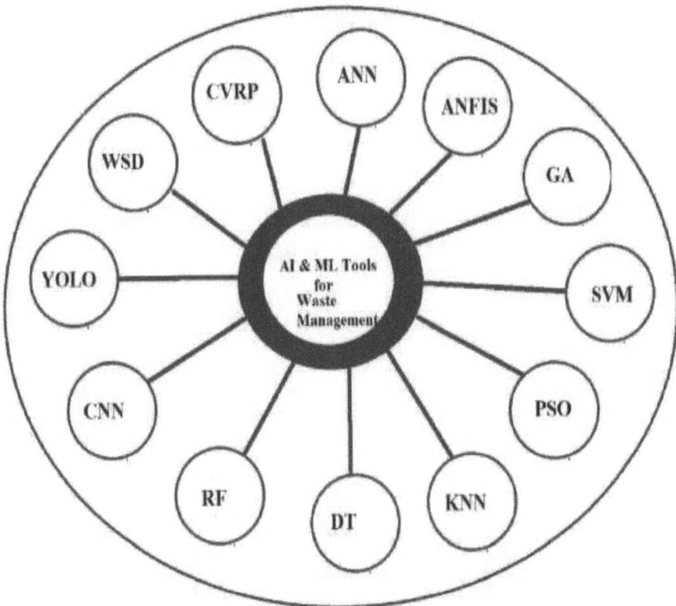

Fig.2: Algumas ferramentas AIML normalmente utilizadas na gestão de resíduos e no tratamento de águas residuais.

Metodologia

Foi efectuada uma pesquisa exaustiva para reunir as informações necessárias para esta análise, através de bases de dados académicas, artigos de investigação, conferências internacionais e publicações pertinentes. Especificamente, foram selecionados artigos das revistas Elsevier Science Diret, Google Scholar e revistas internacionais com revisão por pares, bem como da revista IRO. A estratégia de pesquisa bibliográfica é apresentada na Fig.3. Para encontrar estudos e exemplos adequados de aplicações da AIML na gestão de resíduos, foram utilizados termos-chave como "inteligência artificial", "aprendizagem automática", "gestão de resíduos", "sistema inteligente de gestão de resíduos", "gestão inteligente de resíduos", "gestão de resíduos urbanos", etc. O resumo, o título e as palavras-chave fazem parte do critério de seleção. Foram encontrados 78 artigos na base de dados, com anos de publicação variando de 2016 a 2024. De acordo com a análise final, que teve como foco a Science Diret, 57 (65,51%) e 30 (34,48%) artigos de outras categorias foram criteriosamente avaliados e estão expostos na Figura 3. Os artigos publicados entre 2020 e 2024 que foram submetidos a uma análise crítica foram acrescentados ao estudo para fornecer uma panorâmica da situação atual da AIML nas práticas de gestão de resíduos e são apresentados na Figura 4. A fim de fornecer uma análise do estado atual da IA e do ML nas práticas de gestão de resíduos, as fontes escolhidas foram cuidadosamente analisadas e agregadas. Esta análise abordará domínios específicos em que a inteligência artificial e a aprendizagem automática estão a ser utilizadas para alterar as formas de gestão de resíduos, mencionando os benefícios e os desafios associados a cada aplicação.

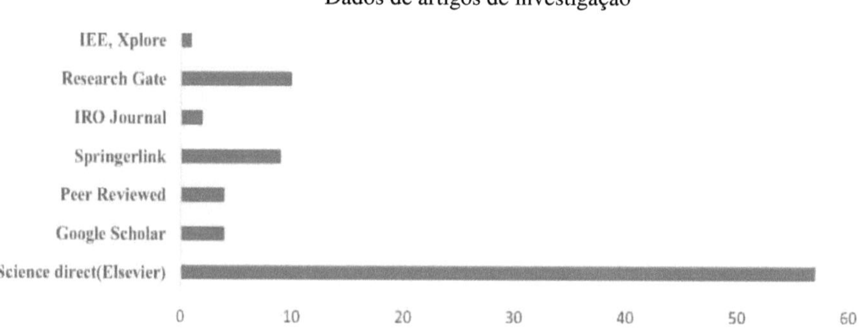

Figura-3: Estratégia de pesquisa bibliográfica

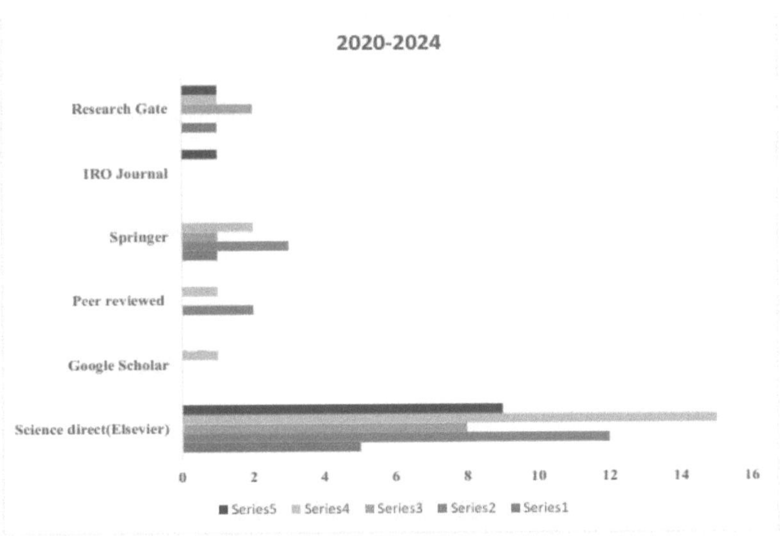

Figura-4: Estratégia de pesquisa bibliográfica de 2020 a 2024

Ferramentas AIML avançadas para a gestão de resíduos:

1. **Algoritmo de otimização de colónias de formigas:**

Devido à sua natureza social, as formigas dão prioridade à sobrevivência da sua colónia em detrimento da sobrevivência de qualquer indivíduo. As formigas utilizam uma substância química chamada feromona para criar rastos químicos para se deslocarem, uma vez que são quase cegas. As formigas utilizam estes rastos para determinar o caminho mais rápido ou outro caminho ótimo para a comida ou de volta à colónia. A criação do Algoritmo de Otimização de Colónias de Formigas (ACO) foi guiada por este facto. O sistema de recolha de resíduos pode utilizar este algoritmo para encurtar o seu caminho [64].

2. **Algoritmo de Dijkstra e algoritmo de pesquisa Tabu**

A recolha de lixo não planeada resulta num aumento das despesas, do consumo de combustível e da degradação ambiental. Um dos principais componentes do sistema inteligente de gestão de resíduos (WMS) é o planeamento optimizado de rotas. Factores do mundo real, incluindo o estado dos contentores (níveis de enchimento), o estado de congestionamento do tráfego nas estradas e a distância, são tidos em conta no cálculo dos custos de ligação [65].

3. **Algoritmo de recozimento simulado:**

Para as autarquias locais, a gestão da recolha de resíduos sólidos urbanos é um desafio, uma vez que absorve uma parte significativa das suas finanças. Consequentemente, a utilização de ferramentas assistidas por computador para ajudar na tomada de decisões pode ajudar a reduzir os custos associados e a aumentar a eficiência do sistema. É utilizada uma abordagem de recozimento simulado para resolver o problema da conceção de rotas para veículos de recolha de resíduos [66].

4. **Algoritmo genético (GA):**

É utilizado um algoritmo genético para selecionar o melhor caminho para a recolha de resíduos sólidos urbanos (RSU). A escolha de uma rota para os camiões de recolha de RSU é vital, uma vez que se crê que entre 60 e 80% do dinheiro gasto na recolha, transporte e eliminação de resíduos sólidos é feito durante a fase de triagem. Assim, uma pequena melhoria percentual no processo de recolha pode levar a uma redução substancial das despesas globais. Uma base de dados espacial georreferenciada, suportada por um sistema de informação geográfica (SIG), serve de base ao sistema de gestão de RSU proposto. Todas as variáveis necessárias para a recolha de resíduos sólidos são tidas em consideração pelo sistema de informação geográfica [67].

5. **Algoritmo de pesquisa com retrocesso:**

Com o conceito de contentor inteligente, os modelos do problema de encaminhamento de veículos capacitados (CVRP) empregam o algoritmo de pesquisa Backtracking (BSA) para determinar as melhores soluções de rota de recolha de lixo. As distâncias totais das rotas de recolha de lixo são minimizadas pela função objetivo. Para minimizar a distância e reduzir o número de caixotes do lixo que precisam de ser esvaziados, o estudo apresenta a ideia do nível de resíduos limite (TWL) dos caixotes do lixo. Para avaliar a viabilidade do modelo sugerido em relação ao sistema de recolha tradicional em termos de distância percorrida, resíduos recolhidos, consumo de combustível, custo do combustível, eficiência e emissão de CO2, é também desenvolvido um modelo de programação [68].

6. **Máquina de vectores de suporte (SVM):** O sistema compara imagens usando um algoritmo de aprendizado de máquina conhecido como Support Vetor Machine (SVM), que funciona em forma de vetor. Além disso, são utilizados sensores de proximidade capacitivos na fase subsequente da separação de resíduos para determinar o tipo de lixo -

seco ou húmido - utilizando o efeito dielétrico. Como resultado, este sistema utiliza o efeito de capacitância e a aprendizagem automática para separar conjuntamente os resíduos. Os contentores do lixo estão vazios, meio cheios ou cheios. Estes contentores podem conter uma variedade de materiais residuais, como plásticos, metais e vidros. Quando é sugerida uma estratégia de eliminação, esta é ineficaz, uma vez que a recolha destes resíduos não é separada. Além disso, os resíduos biológicos são depositados em aterros [69].

7. **Redes neuronais artificiais (RNA)**: No domínio do ambiente, assistiu-se recentemente a um aumento notável do interesse pelas redes neuronais artificiais (RNA) devido à sua excecional capacidade de auto-aprendizagem e à sua capacidade de mapear com precisão relações não lineares complexas. Estas caraterísticas das RNA tornam-nas úteis para resolver vários problemas relacionados com os resíduos sólidos. No entanto, a investigação relevante não chegou a um consenso sobre as muitas definições, que incluem a estrutura da RNA, o algoritmo, a partição do conjunto de dados, os parâmetros de entrada, a camada oculta e a avaliação do desempenho. Estas caraterísticas das RNA tornam-nas úteis para a resolução de vários problemas relacionados com os resíduos sólidos [70].

8. **Sistema de Inferência Neuro-Fuzzy Adaptativo (ANFIS)**: A lógica difusa e as redes neuronais são combinadas no ANFIS, uma tecnologia híbrida de inteligência artificial. Uma vez que o ANFIS é adaptável - ou seja, liga-se aos neurónios existentes para obter resultados de previsão corretos - tem sido aplicado eficazmente numa série de aplicações, incluindo a previsão de resíduos. Nesta situação, o ANFIS pode ser utilizado para criar modelos precisos de previsão de resíduos, examinando uma variedade de variáveis que afectam a produção de resíduos, incluindo técnicas de gestão de resíduos, desenvolvimento económico e expansão populacional [71].

9. **k-vizinho mais próximo (kNN)**: A classificação K-nearest-neighbor (kNN) é uma das técnicas de classificação básicas e mais fáceis. Deve ser a opção inicial para uma pesquisa de classificação quando há pouco ou nenhum conhecimento prévio sobre a distribuição dos dados. A classificação K-nearest-neighbor foi criada para ser utilizada na análise discriminante quando as estimativas paramétricas válidas das densidades de probabilidade são desconhecidas ou difíceis de calcular. [72].

10. **YOLO:**

O método de reconhecimento de objectos conhecido como YOLO (You Look Only Once), que é utilizado no processamento de imagens em tempo real, tem vindo a ganhar popularidade recentemente. Em comparação com outros algoritmos, o algoritmo YOLO é mais rápido na previsão. A imagem é submetida a uma aplicação conhecida como YOLO CNN (Convolutional Neural Network), que a divide em grelhas e calcula as caixas delimitadoras e a pontuação de confiança correspondente para cada grelha. As caixas delimitadoras são então calculadas com a pontuação de confiança estimada. Para a resolução de problemas, foi utilizado o algoritmo YOLOv4. O principal fator que favorece o algoritmo YOLOv4 é o seu desempenho relativamente elevado em comparação com as suas iterações anteriores [73].

11. **Algoritmo R-CNN mais rápido:**

Uma aplicação Android que utiliza o algoritmo Faster R-CNN com o objetivo de reduzir a recolha de resíduos através da classificação e identificação de materiais recicláveis. A integração do algoritmo Faster R-CNN, da gestão de resíduos e da aprendizagem profunda oferece uma forma sólida de resolver os problemas causados pelo crescente dilema dos resíduos. O primeiro passo neste processo é reunir um conjunto de dados grande e variado sobre os tipos de resíduos que estão a ser estudados. Em seguida, vem o laborioso e complexo processo de anotação, no qual cada imagem é cuidadosamente examinada e rotulada por profissionais da área, a fim de ajudar na criação de um modo fiável e eficaz [74].

12. **Algoritmo de detetor de disparo único:**

O SSD (detetor multibox de disparo único) tem maior precisão. O SSD pode melhorar significativamente o desempenho da deteção de lixo. Embora o método SSD seja muito melhor do que o algoritmo YOLO, continuam a existir problemas relacionados com o reconhecimento simultâneo do mesmo objeto com diferentes tamanhos de caixa e com a falta de alvos pequenos. Com uma taxa de sucesso de 94% para a contagem de bovinos em pastagens e de 92% para a contagem de bovinos em alimentos para animais, a metodologia sugerida no estudo anteriormente descrito demonstrou um elevado grau de exatidão [75].

13. **Algoritmo de floresta aleatória:** Após a fase de formação, esta versátil técnica de aprendizagem de árvores de aprendizagem automática produz muitas árvores de decisão. Cada árvore é construída utilizando um subconjunto aleatório do conjunto de dados, de

modo a medir um subconjunto aleatório de caraterísticas em cada partição. Ao proporcionar variedade nas árvores individuais, esta aleatoriedade reduz a ameaça de sobreajuste e melhora o desempenho global da previsão. O algoritmo combina todos os resultados das árvores durante a fase de previsão, quer por votação quer por cálculo da média. Com a ajuda de várias árvores e dos seus conhecimentos, este processo cooperativo de tomada de decisões produz resultados exactos e constantes. Uma vez que podem tratar dados complexos, eliminar o sobreajuste e produzir previsões exactas numa série de cenários, as florestas aleatórias são normalmente utilizadas para tarefas de regressão e classificação. [76].

14. **Redes neurais convolucionais:** Entre a classe de técnicas de aprendizagem profunda, existe a abordagem da rede neural convolucional (CNN) como ferramenta de IA. O reconhecimento de texto, imagens, vídeos e outros meios de comunicação, bem como a análise e classificação de imagens, são as melhores aplicações para esta tecnologia. As camadas convolucionais e ligadas constituem a maior parte da CNN, o que ajuda a extrair caraterísticas de dados não processados. O número de camadas na arquitetura da CNN, como a camada de entrada, varia consoante o modelo. As camadas convolucionais são as camadas responsáveis pela aprendizagem, análise e reconhecimento de um conjunto de caraterísticas em diferentes formatos, como texto, fotografias, etc. A camada de entrada de uma CNN recebe imagens e transfere-as para as camadas convolucionais. Um conjunto de máscaras que as camadas convolucionais possuem ajuda no processo de extração de caraterísticas [77].

Novas aplicações da inteligência artificial e da aprendizagem automática na gestão de resíduos:

a. Classificação avançada de resíduos :

A triagem do lixo municipal estabeleceu-se como uma área de estudo crucial nas últimas décadas. O vidro, o papel, o plástico, o metal e outros materiais residuais são separados em vários grupos pelo classificador Support Vetor Machine (SVM), mas o modelo Convolutional Neural Network (CNN) é utilizado como extrator e ferramenta de aprendizagem automática. O processo de separação do lixo será mais eficiente e inteligente com o sistema de categorização de materiais residuais sugerido, exigindo menos intervenção humana... [78].

b. Gestão de resíduos urbanos

Os governos municipais estão muito preocupados com a gestão dos resíduos sólidos urbanos (RSU), a fim de salvaguardar a saúde pública, o ecossistema e os recursos naturais. A máquina de vectores de apoio (SVM), o sistema de inferência neuro-fuzzy adaptativo (ANFIS), a rede neural artificial (ANN) e os k-vizinhos *mais próximos* (kNN) são ferramentas amplamente utilizadas para a gestão dos RSU [79]. Algumas das tecnologias automatizadas para a gestão dos RSU são destacadas a seguir. A ferramenta avançada de IA e ML utilizada na gestão de resíduos urbanos (RSU) e as suas aplicações são apresentadas no Quadro-1. As aplicações de ferramentas de IA e ML para a gestão de resíduos urbanos são apresentadas na Figura-5.

i. Robôs seleccionadores de lixo:

A presença de vários produtos químicos causadores de doenças no lixo pode levar a problemas de saúde significativos para o pessoal que peneira o lixo à mão. A separação robotizada de materiais do lixo adicional, como vidro, papel, plástico, metais, etc., pode reduzir os custos de fabrico e o consumo de energia, facilitando simultaneamente a criação de matérias-primas adicionais. Os robôs podem ajudar na triagem eficaz dos resíduos e podem funcionar continuamente, eliminando o risco para a saúde dos trabalhadores. A separação dos resíduos pode ser mais precisa e eficiente utilizando tecnologias automatizadas, aprendizagem automática e inteligência artificial[80].

ii. Monitorização de resíduos com base em sensores:

Para a gestão dos resíduos sólidos, foram criadas unidades de controlo do nível do caixote do lixo (BLMU). Utilizando uma interface gráfica de utilizador inteligente, o sistema de monitorização do nível do caixote do lixo concebido pode ser testado enchendo um caixote do lixo com lixo sólido a diferentes níveis e seguindo o nível correspondente não preenchido do caixote do lixo[81].

iii. Caixas inteligentes:

Os caixotes do lixo inteligentes ajudam a resolver questões relacionadas com a supervisão dos resíduos sólidos urbanos. A recolha fiável do lixo, a identificação de incêndios nos materiais residuais e a projeção da futura produção de resíduos sob a forma de resíduos sólidos urbanos são possíveis graças aos caixotes do lixo inteligentes [82].

Tabela-1: Aplicações da inteligência artificial e da aprendizagem automática em Variedade de resíduos sólidos no âmbito da gestão de resíduos urbanos.

Nº	Categoria de resíduos	Ferramenta avançada utilizada	Aplicações	Referências
1		SVM, ANFIS, ANN e k-NN	Prever a produção mensal de resíduos	Maryam Abbasi et.al. (2016).
2		Deteção do nível do caixote do lixo	Previsão de resíduos sólidos	Mohamed Abdallah et.al. (2020)
3	Gestão de sólidos urbanos	SVM, ANN	Gestão dos resíduos sólidos urbanos	O.O. Ayeleru et.al. (2021)
4		Internet das coisas (IoT)	Gestão de resíduos sólidos	David B. Olawade, et.al.(2024).
5		ANN	Saneamento e gestão do lixo	Igor Pinhal Luqueci Thomaz et.al.(2023)
6		Abordagem de IA e técnicas híbridas	Criação, separação, armazenamento e tratamento de resíduos sólidos	I. Ihsanullah, Gulzar Alam et.al. (2022)
7		RCNN, SSD e YOLO	Gestão de resíduos de construção	Demetris Demetriou et.al (2023)
8		problema de encaminhamento de veículos capacitado (CVRP)	Otimização das rotas de recolha de lixo	Mahmuda Akhtar, et.al. (2017)
9		modelo baseado em agentes (ABM)	Transporte de resíduos sólidos urbanos.	Khanh Nguyen-Trong et.al. (2017)

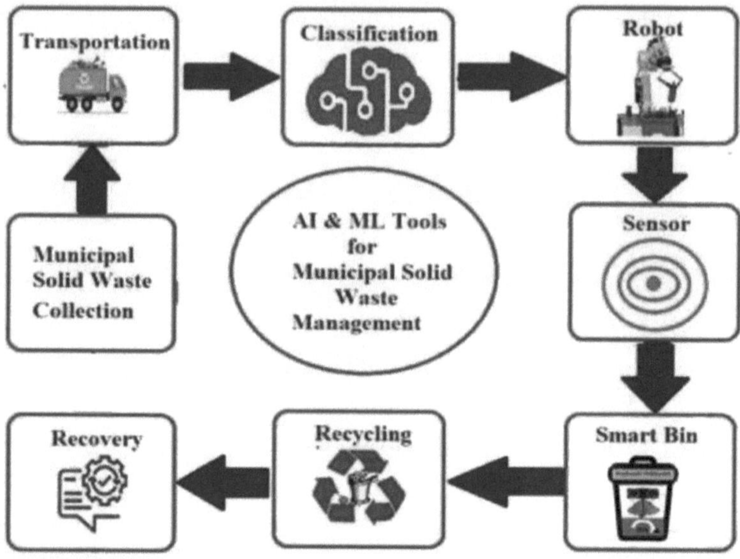

Fig.5: Aplicação da AIML na gestão de resíduos sólidos urbanos.

c. Gestão dos resíduos de plástico:

Quer se trate de uma nação desenvolvida ou emergente, um dos principais problemas que o mundo enfrenta é a gestão do lixo plástico. O modelo WSD permite a separação e a deterioração eficientes dos resíduos de plástico. Com base nisto, foi proposto um modelo de segregador e decompositor de resíduos (WSD), que utiliza a inteligência artificial (IA) para reduzir o impacto ambiental dos plásticos e depois decompõe os materiais recicláveis separados [83]. A ferramenta avançada de IA e ML utilizada de acordo com a categoria de resíduos na gestão dos resíduos de plástico, juntamente com as suas aplicações, é apresentada no Quadro 2. As aplicações das ferramentas AIML na gestão dos resíduos de plástico são apresentadas na Figura-6. A inteligência artificial é um instrumento cada vez mais eficaz para desenvolver técnicas de gestão de resíduos respeitadoras do ambiente. A IA está a mudar o cenário da gestão dos resíduos de plástico, melhorando a participação do público, racionalizando as rotas de recolha de resíduos, impulsionando as iniciativas de reciclagem e reinventando a triagem e o processamento de resíduos. Ao diminuir o efeito ambiental da produção de resíduos e ao promover um futuro mais sustentável, estamos a preparar o caminho para um futuro mais sustentável à medida que continuamos a utilizar as capacidades da IA.

Tabela-2: Aplicações da aprendizagem automática da inteligência artificial nos resíduos plásticos.

№	Resíduos Categoria	Ferramenta avançada utilizada	Aplicações	Referências
1		Afinação fina DETR	Classificação do lixo plástico	Tri Thanh Nguyen et.al. (2024)
2		Mapeamento de cores de padrão de semelhança espetral relativa (RSSPCM)	Classificação do plástico	Youngjun Jeon et.al. (2023)
3	Resíduos de plástico	Arquitetura YOLOv8	Segregação de plástico através da medição exacta da espessura.	Anoosha M et.al. (2024)
4		WSD e caixote do lixo inteligente	Separação e degradação eficientes dos resíduos Materiais plásticos	R. Anitha et.al. (2022)
5		Inteligência artificial multi-sensorial	Automatização da recolha e triagem de resíduos de plástico	Katarzyna Bernat, Energies et.al. (2023)

A AIML tem o potencial de mudar totalmente a forma como lidamos com o lixo plástico. Podemos dar sentido a este pandemónio com a ajuda da triagem assistida por IA, da visão por computador e de robôs sofisticados. Quando a IA é utilizada na gestão de resíduos, cada resíduo que chega para triagem é examinado por câmaras de alta definição. Até o tipo de plástico, o seu estado atual e a sua aptidão para a reciclagem podem ser calculados e selecionados graças à tecnologia avançada de sensores. Estes métodos aumentarão consideravelmente a eficiência da reciclagem e diminuirão a quantidade de resíduos de plástico que acabam em aterros, reduzindo também a exposição humana a práticas de gestão de resíduos perigosas e prejudiciais para a saúde. A Inteligência Artificial tem o potencial de ajudar a eliminar o plástico da cadeia de fornecimento de embalagens de produtos. A maior parte do plástico acaba nas mãos dos consumidores e no lixo como resultado da embalagem de diferentes produtos. Considere um sapato que comprou recentemente na Amazon. Uma segunda camada de proteção de plástico para manuseamento e embalagem será adicionada pela Amazon ou pelo vendedor à embalagem original, que terá plástico no seu interior para manter os produtos seguros durante o transporte. A IA pode ajudar os fornecedores, fabricantes e empresas de transporte a criar embalagens mais ecológicas com menor consumo de plástico.

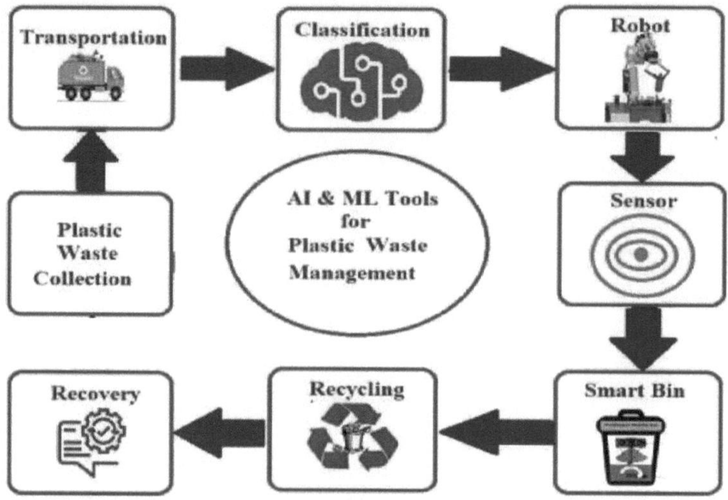

Fig.6: Aplicação da AIML na gestão de resíduos plásticos

d. Gestão de resíduos electrónicos:

As redes neurais convolucionais (CNN) e as máquinas de vectores de apoio (SVM) são dois exemplos de técnicas de aprendizagem automática que o sistema utiliza para identificar e classificar eficazmente e de forma instantânea diferentes tipos de resíduos electrónicos. Devido a esta automatização, há menos necessidade de triagem manual, o que reduz a possibilidade de erro por parte dos humanos e garante um desempenho de deteção fiável. Além disso, a aplicação de um sistema de deteção de resíduos electrónicos baseado na aprendizagem automática tem vantagens que vão para além da melhoria da eficácia operacional e incluem a conservação dos recursos e o desenvolvimento sustentável [84]. A ferramenta avançada de IA e AM utilizada de acordo com a categoria de resíduos na gestão dos resíduos electrónicos, juntamente com as suas aplicações, é apresentada no Quadro 3. As aplicações das ferramentas AIML na gestão dos resíduos electrónicos são apresentadas na Figura-7.

Quadro 3: Aplicações da aprendizagem automática da inteligência artificial nos resíduos electrónicos.

Nº	Categoria de resíduos	Ferramenta avançada utilizada	Aplicações	Referências
1	Resíduos electrónicos	Técnica de Inteligência Artificial (AIT)	Análise de poluentes perigosos em resíduos electrónicos.	Jie Chen et.al. (2021)
2		Algoritmos de inteligência artificial	Recolha em linha de resíduos electrónicos	Piotr Nowakowski et.al.(2020)
3		Sistema baseado em redes neurais convolucionais	Recolha de resíduos electrónicos junto dos agregados familiares	AV Shreyas Madhav et.al (2021)
4		Algoritmos de inteligência artificial	recolha móvel de resíduos electrónicos a pedido	Piotr Nowakowsk et.al. (2018)
5		Modelos ANN e GEP	betão de resíduos electrónicos para fins de construção.	Mohsin Ali Khan et.al. (2023)

A triagem e separação de componentes electrónicos é uma das principais utilizações da IA na gestão de resíduos electrónicos. Os dispositivos alimentados por inteligência artificial (IA) podem detetar e separar com rapidez e precisão materiais distintos, enquanto as abordagens tradicionais são frequentemente trabalhosas e propensas a erros. Estes dispositivos simplificam o processo de reciclagem ao serem capazes de distinguir entre diferentes tipos de componentes electrónicos graças a sofisticados algoritmos de reconhecimento de imagem e de aprendizagem automática. Os metais valiosos e outros materiais podem ser identificados com precisão e extraídos de aparelhos eléctricos utilizando técnicas de aprendizagem automática.

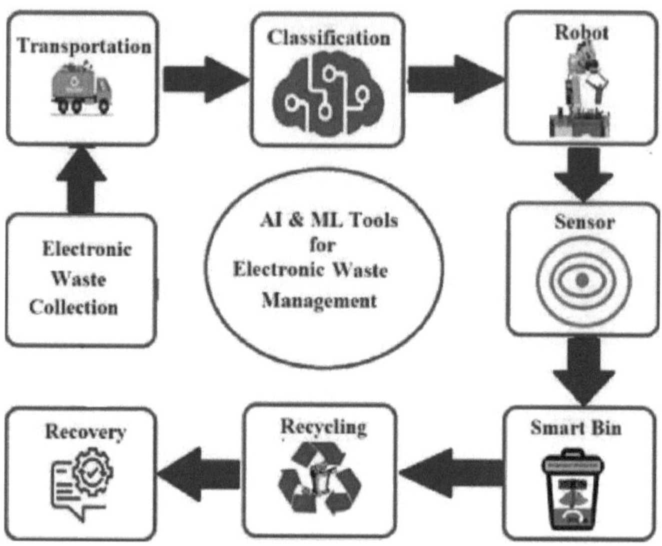

Fig.7: Aplicação da AIML na gestão de resíduos electrónicos

e. Gestão de resíduos biomédicos:

A gestão de resíduos tem de ser planeada e desenvolvida em termos do conceito de sustentabilidade, uma vez que os resíduos hospitalares podem ter efeitos significativos no ambiente, bem como na saúde pública. Isto depende de uma estimativa exacta do volume de resíduos hospitalares. Prever com exatidão a quantidade de resíduos hospitalares é um problema fundamental e significativo. Os algoritmos mais sofisticados de Support Vetor Machine (SVM) e Deep Learning produzem melhores previsões do volume de resíduos hospitalares. As variáveis utilizadas no modelo foram o número de cirurgias, os doentes que saem, os doentes hospitalizados, os doentes submetidos a cuidados intensivos e os dias de hospitalização [85]. A ferramenta avançada de IA e ML utilizada na gestão de resíduos biomédicos e as suas aplicações são apresentadas na Tabela 4. As tendências recentes das aplicações das ferramentas AIML na gestão dos resíduos biomédicos são apresentadas na Figura-8.

Quadro 4: Aplicações da aprendizagem automática da inteligência artificial na gestão de resíduos biomédicos.

№	Categoria de resíduos	Ferramenta avançada utilizada	Aplicações	Referências
1	Biomédico Resíduos	Separação de resíduos biomédicos, Robótica na BMW	Separação, recolha, transporte e eliminação de resíduos biomédicos	Olivea Sarkar et.al. (2023)
2		Robótica	Separação de resíduos, recolha, transporte e eliminação de resíduos biomédicos	Aravind Kumar Subramanian et.al. (2021)
3		Máquina de vetor de suporte (SVM)	Seleção e classificação antes da reciclagem	Nallapaneni Manoj Kumar et.al. (2021)
4		Algoritmo Cohort Intelligence	Para otimizar a distância entre o ponto de recolha e o local de eliminação.	Poorva Agrawal et.al. (2021)

Melhorar a preservação ambiental e preservar a saúde humana são dois dos principais benefícios da aplicação da inteligência artificial (IA) à gestão de resíduos biomédicos. Se forem geridos de forma incorrecta, os resíduos biomédicos - que incluem artigos tóxicos provenientes de instalações de cuidados de saúde - representam sérios riscos. O tratamento e a eliminação ineficazes destes artigos pelas técnicas tradicionais de gestão de resíduos resultam frequentemente em contaminação ambiental e riscos para a saúde. Através da automatização, da monitorização em tempo real, da modelação preditiva e da análise avançada de dados, a IA fornece soluções criativas para estes problemas. Com a diminuição dos erros humanos e das preocupações com a exposição, as soluções alimentadas por IA podem garantir a classificação correta de artigos infecciosos e perigosos. A redução das despesas de transporte e a otimização dos horários de recolha são possíveis com contentores equipados com sensores e monitorização em tempo real. Ao utilizar a análise preditiva para prever a criação de lixo, a atribuição de recursos pode ser mais eficiente e podem ser realizadas menos actividades de tratamento desnecessárias. Este artigo explica como as instituições de saúde podem gerir os resíduos biológicos de forma mais eficaz, económica e ambiental, protegendo simultaneamente a saúde humana e o ambiente através da adoção da inteligência artificial.

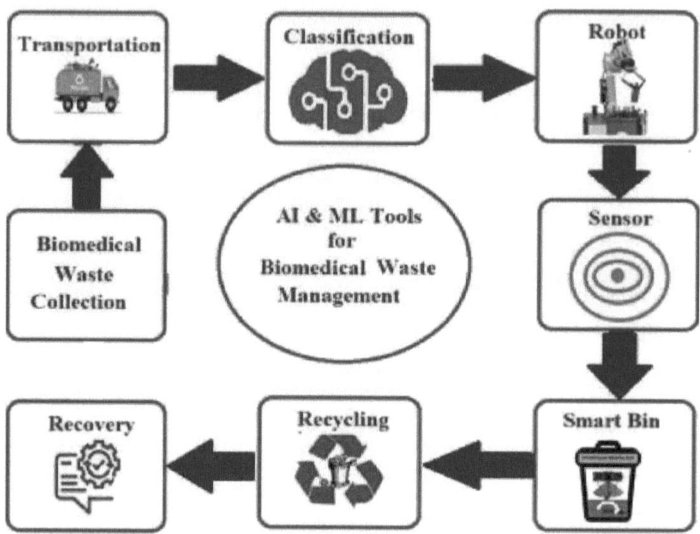

Fig.8: Aplicação da AIML na gestão de resíduos biomédicos

f. Gestão de resíduos de construção e demolição:

O algoritmo AdaBoost é utilizado para prever a força de compressão de misturas de betão. ANN e SVM, dois algoritmos de aprendizagem individual bem conhecidos, são igualmente comparados com o modelo AdaBoost. Dadas determinadas variáveis de entrada, a abordagem AdaBoost pode estimar com eficácia e precisão a resistência do betão. Podemos determinar eficazmente a resistência à rutura do betão com proporções de mistura variáveis em momentos diferentes, utilizando o modelo AdaBoost. Como resultado, pode ser utilizado para determinar se a proporção de mistura pretendida pode atingir a intensidade pretendida necessária [86]. A ferramenta avançada da AIML utilizada de acordo com a categoria de resíduos na gestão de resíduos de construção e demolição, juntamente com as suas aplicações, é apresentada no Quadro 5. As aplicações das ferramentas AIML na gestão dos resíduos de construção e demolição são apresentadas na Figura-9. Há numerosas tendências contemporâneas que estão envolvidas na utilização da IA na gestão de resíduos. Isto envolve a triagem de resíduos utilizando algoritmos de aprendizagem automática com o objetivo de reduzir a contaminação nos fluxos de reciclagem através da classificação e triagem de materiais recicláveis. Além disso, as rotas de recolha estão a ser optimizadas com análises preditivas, resultando numa atribuição de recursos e procedimentos de recolha mais eficazes. Além disso, a robótica impulsionada pela IA está a ser utilizada para automatizar o processamento de resíduos e melhorar a eficiência, especialmente nas actividades de triagem. Por último, mas não menos importante, ao monitorizar os níveis de enchimento dos caixotes do lixo e ao identificar quando é necessária a recolha, os sensores alimentados por IA, juntamente com a Internet das Coisas (IoT), são utilizados para otimizar a recolha de lixo.

Tabela-5: Aplicações da aprendizagem automática da inteligência artificial na gestão de resíduos de construção e demolição.

№	Categoria de resíduos	Ferramenta avançada utilizada	Aplicações	Referências
1		Sistema de gestão eficaz (EMS)	Gerir os resíduos de construção e demolição	Tauha Hussain Ali et.al (2019).
2		A inteligência artificial (IA) automatiza a triagem de resíduos de C&D	triagem de resíduos de construção e demolição	Shanuka Dodampegama et.al (2024)
3		Modelo de rede neural profunda	Previsão de resíduos de demolição numa economia circular	Lukman A. Akanbi et.al.(2020)
4	Resíduos de construção Resíduos de construção e demolição	Modelo ML híbrido CATPCA-SVMR	Previsão da taxa de produção de resíduos em projectos de demolição de edifícios	Gi-Wook Chaet.al. (2022)
5		Modelos MLP-ANN	Previsão das taxas de produção de resíduos	Gulnur Coskuner et.al. (2021)
6		Técnicas de aprendizagem automática (NLTK e YAKE) com Python	Gestão sustentável dos resíduos C & D	Ke Zhanget.al.(2023)
7		ANN, SVM, DT, KNN, DL, CNN e SVM	Previsão da produção de C&DW e análise da resistência ou das propriedades mecânicas do RAC em diferentes fases do processamento de C&DW	Yu Gaoet.al.(2024)
8		Modelos C&D WNet	Gestão de resíduos de construção	Kunsen Linet.al (2022)
9		Rede neural convolucional (CNN), árvores de decisão de reforço de gradiente (GB) e perceção multicamada (MLP)	Separação exacta dos resíduos, promoção da utilização sustentável dos recursos e redução do impacto ambiental da eliminação dos RCD.	V. Nezerkaet.al.(20024
10		Aprendizagem profunda	Utilizado para selecionar um grande número de objectos antes de os misturar e triturar	Yuedong Ku et.al. (2021)

Fig.9: Aplicação da AIML na gestão de resíduos de construção e demolição

Tratamento de águas residuais:

Os modelos baseados em AIML são utilizados para a conceção e acompanhamento de sistemas biológicos de tratamento de águas residuais (WWTS). O processo de limpeza de resíduos orgânicos incluiu principalmente redes neurais artificiais (RNA), algoritmos de lógica difusa (FL), florestas aleatórias (RF) e memória de curto prazo (LSTM) como modelos utilizados. O controlo preditivo das caraterísticas do efluente, incluindo sólidos, metais, nutrientes, necessidades biológicas e químicas de oxigénio (CBO e CQO), é utilizado para avaliar esses modelos [87]. A ferramenta avançada de IA & ML utilizada de acordo com a categoria de resíduos no tratamento de águas residuais, juntamente com as suas aplicações, é apresentada na Tabela-6. As ferramentas AIML recentes no tratamento de águas residuais são apresentadas na Figura-10. Para manter os recursos hídricos limpos e a poluição nas descargas a um nível mínimo, o tratamento das águas residuais é essencial. No entanto, com o aparecimento de novas indústrias e produtos, como os produtos farmacêuticos e de higiene pessoal (PPCPs), os subprodutos da desinfeção (DBPs) e os compostos de per e polifluoroalquilo (PFAs), os tipos de contaminantes nas águas residuais tornaram-se mais diversos e difíceis de tratar. Além disso, uma multiplicidade de condições ambientais e parâmetros de processo têm impacto na qualidade do efluente e na eficiência do tratamento das águas residuais, tornando o processo de tratamento de águas residuais complexo. Os cientistas estão a começar a integrar a inteligência artificial (IA) no processo de tratamento de águas residuais como forma de abordar estas questões complexas.

Tabela-6: Aplicações da aprendizagem automática da inteligência artificial no tratamento de águas residuais.

№	Categoria de resíduos	Ferramenta avançada utilizada	Aplicações	Referências
1		Redes neuronais artificiais (RNA)	Remoção de micro poluentes orgânicos, remoção de metais pesados de águas residuais, remoção de contaminantes típicos e emergentes.	Elsevier Journal of Chemosphere, 2023.
2	Tratamento de águas residuais	ANN e FL	Remoção de poluentes convencionais, nomeadamente metais pesados	Jornal de Segurança de Processos e Proteção Ambiental, 2020
3		Modelo de IA ANN, ANFIS e SVM para tratamento de água	Determinação da qualidade da água, coagulação/floculação, desinfeção, filtração por membranas, dessalinização, modelação de estações de tratamento de águas residuais, previsão da incrustação das membranas, remoção de metais pesados e monitorização da CBO, CQO	Journal of Water Process Engineering, 2022.
4		Modelos ANN, RF, SVM e RNN associados ao WWTPS	Carência biológica de oxigénio (CBO), carência química de oxigénio (CQO), parâmetros de nutrientes, sólidos e substâncias metálicas.	Journal of Bioresource Technology, 2023.
5		FFNN, ANFIS, SVM, MLR	Carência biológica de oxigénio, carência química de oxigénio e azoto total	Journal of Water Sci Technol, 2018.
6		ANN, FL, GA	Eliminação de azoto e enxofre, previsão de CBO, CQO, turvação e dureza, absorção de contaminantes, etc.	Jornal de Tecnologia Ambiental, 2021
7		MBR baseado em IA modelos	Recuperar água limpa de fontes poluídas	Chemical Engineering Journal, 2021.
8		Modelo baseado na GEP	Previsão de CBO5 e CQO a partir de SST, NH3, OrgN, OrgP e InorgP	Journal of Cleaner Production, 2023.
9		ANN, SVM, ANFIS, GA, PSO	Processos electroquímicos para processos de tratamento de água e de águas residuais	Journal of Environmental Health Science and Engineering, 2022.

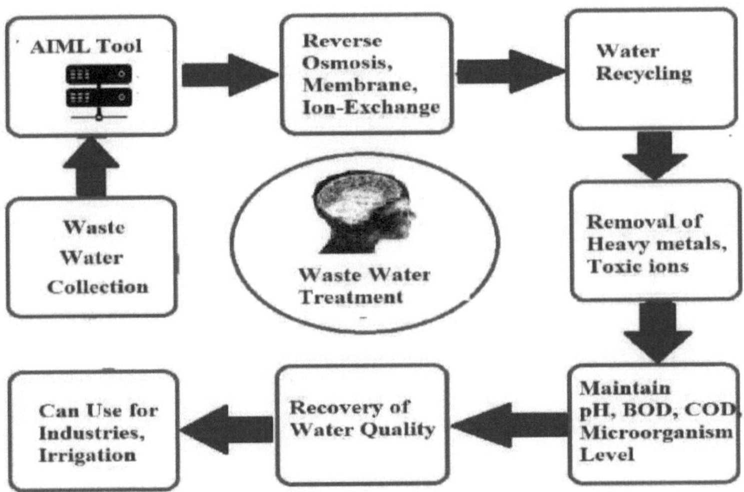

Fig.10: Aplicação do AIML no tratamento de águas residuais

Inteligência Artificial e Conservação Ambiental:

A Inteligência Artificial é essencial para o cumprimento de todos os Objectivos de Desenvolvimento Sustentável, como acabar com a fome e a pobreza, promover a paridade de género e salvaguardar a biodiversidade. Por este motivo, a IA apresenta opções especiais que podem nem sempre dar os resultados desejados, dependendo do quadro em que são implementadas. A Inteligência Artificial tem a capacidade de acelerar os esforços globais para salvaguardar os nossos recursos e o ambiente. O problema atual causado pelo aumento dos resíduos sólidos urbanos nas grandes áreas urbanas exige uma procura contínua de estratégias e tácticas que permitam a sua gestão adequada, tendo em conta as caraterísticas específicas de cada área de uma determinada cidade.

Conclusão

Com base numa análise crítica dos artigos de revisão, concluiu-se que as ferramentas de inteligência artificial (IA) e de aprendizagem automática (ML) são as ferramentas mais úteis no domínio da gestão de resíduos. As ferramentas avançadas, como as redes neuronais artificiais (RNA), as máquinas de vectores de apoio (SVM), o método de Bayes ingénuo, o método do vizinho mais próximo (KNN), as árvores de decisão (DT), as florestas aleatórias (RF) e o sistema de inferência difusa em rede adaptável (ANFIS) são úteis para a gestão de resíduos. A aprendizagem profunda (AP), o subcampo mais importante da aprendizagem automática, tem crescido rapidamente nos últimos anos, como ferramenta de gestão de resíduos. A fim de manter o equilíbrio do ecossistema, a segurança e as precauções, a gestão inteligente dos resíduos, a segurança sanitária e o controlo da poluição, concluiu-se ainda que estas ferramentas são amigas do ambiente, sustentáveis, têm potencial para prever os resíduos, são amplamente utilizadas e constituem a melhor solução para a crise atual e futura da gestão dos resíduos.

1. **Segurança e precauções:**

   Para garantir a nossa sobrevivência, as medidas de segurança e as precauções são cruciais. As consequências que a eliminação incorrecta destas medidas de proteção pessoal tem para o ambiente, e para investigar métodos de eliminação seguros, é necessário utilizar ferramentas criativas e métodos biologicamente sólidos, como a aprendizagem automática e a inteligência artificial (IA) e a aprendizagem automática (ML).

2. **Gestão inteligente de resíduos:**

   A utilização da tecnologia contemporânea para gerir os resíduos de uma forma económica, segura e eficaz é conhecida como gestão inteligente de resíduos. Vários métodos que a inteligência artificial pode fornecer podem ser utilizados para criar sistemas inteligentes de gestão de resíduos. Os sistemas baseados na IA são utilizados para resolver questões complexas, gerir a ambiguidade e demonstrar a eficácia dos sistemas inteligentes.

3. **Segurança sanitária:**

Os modelos de inteligência artificial são capazes de analisar grandes quantidades de dados dos doentes, incluindo sintomas, historial médico e dados genéticos. O desenvolvimento de diagnósticos de doenças mais precisos e eficazes é facilitado por esta abordagem. Os algoritmos de aprendizagem automática podem reconhecer padrões que os médicos humanos podem ter dificuldade em reconhecer, levando a uma deteção mais precoce e a uma maior precisão. Foram efectuadas algumas tentativas para resolver questões relacionadas com a confidencialidade e a segurança da saúde, utilizando técnicas de inteligência artificial e de aprendizagem automática.

4. **Controlo da poluição:**

O número crescente de sectores de aplicação da IA é apoiado pela capacidade das técnicas de modelização para tratar dados complexos e com ruído. A Inteligência Artificial (IA) tem sido amplamente utilizada na engenharia ambiental para abordar questões relacionadas com a poluição atmosférica, a modelação do tratamento da água e das águas residuais, a poluição das águas subterrâneas, a simulação da recuperação dos solos e a formulação de estratégias de gestão dos recursos hídricos.

Declarações:

Os autores declaram que nenhuma das relações pessoais ou financeiras de que possam ter conhecimento pode ter influenciado o trabalho apresentado neste artigo.

Disponibilidade de dados e materiais:

Todos os dados do estudo serão disponibilizados mediante pedido de cada um dos autores desta investigação.

Conflito de interesses: O autor não tem conflitos de interesse conhecidos associados a esta publicação.

Financiamento: O autor não recebeu qualquer subsídio específico de agências de financiamento.

Abreviaturas

RSU: Resíduos sólidos urbanos

SWM: Gestão de resíduos sólidos

IA: Inteligência Artificial

SVM: Máquina de Vetor de Suporte

ANFIS: Sistema de Inferência Neuro-Fuzzy Adaptativo

ANN: Rede Neural Artificial

kNN: k-vizinhos mais próximos

ML: Aprendizagem automática

RCD: Resíduos de Construção e Demolição

RNAs: Tirar partido das redes neutras artificiais

DL: Aprendizagem profunda

CNN: Rede Neural Convolucional

SSD: detetor multibox de disparo único

YOLO: Só se olha uma vez

BSA: algoritmo de pesquisa com retrocesso

CVRP: problema de encaminhamento de veículos com capacidade

TWL: limiar de resíduos

PSO: otimização por enxame de partículas

ACO: Otimização por colónias de formigas

WMS: sistema de gestão de resíduos

GA: Algoritmo Genético

GIS: Sistema de Informação Geográfica

BSA: Algoritmo de pesquisa com retrocesso

Referências

1. Bingbing Fang, Jiacheng Yu, Zhonghao Chen, Ahmed, Osman, Mohamed Farghali, Ikko Ihara3, Essam H. Hamza, David W. Rooney, Pow-Seng Yap, Journal of Environmental Chemistry Letters, 2023, https://doi.org/10.1007/s10311-023-01604-3

2. Shkan Entezari, Alireza Aslani, Rahim Zahedi, Younes Noorollahi, Energy Strategy ReviewsVolume 45, janeiro de 2023, 101017.

3. Dongxu Qu, Springer Nature Switzerland AG 2022.

4. Titus CharoKennedy O OndimuKennedy O OndimuKennedy Handullo, The International Journal of Engineering and Science(IJES), Volume 11, Número 6, Série I , PP 01-08, 2022, 20-24-1805.

5. Dasgupta, A., & Nath, A. (2016). Classificação de algoritmos de aprendizagem automática. Revista Internacional de Investigação Inovadora em Engenharia Avançada (IJIRAE), 3(3), 611.

6. Liakos, K. G., Busato, P., Moshou, D., Pearson, S., &Bochtis, D. (2018). Aprendizado de máquina na agricultura: Uma revisão. Sensores, 18(8),2674.

7. A. Jiran Meitei, Pratibha Rai, S. S. Rajkishan, Journal of Environment, Development and Sustainability, 2023, https://doi.org/10.1007/s10668-023-03935-1

8. GSDR (2019) O futuro é agora: Ciência para alcançar o desenvolvimento sustentável. UNDESA. Recuperado em 29 de julho de 2022, de https://sdgs.un.org/publications/future-now- science-achieving-sustainable-development-gsdr-2019-24576

9. ITU (2017). Relatório da Cimeira Global AI for Good-2017. Retrieved Jul 29, 2022, https://www.itu.int/en/ITUT/AI/Documents/Report/AI_for_Good_Global_Summit_Repo rt_2017.pdf

10. Maryam Abbasi, Ali El Hanandeh, Journal of Waste Management, Volume 56, outubro de 2016, Páginas 13-22 .

11. Mohamed Abdallah, Manar Abu Talib, Sainab Feroz, Qassim Nasir, Hadeer Abdalla e Bayan Mahfood Journal of Waste Management Volume 109, 15 de maio de 2020, Páginas 231246.

12. O.O. Ayeleru, L.I. Fajimi, B.O. Oboirien, P.A. Olubambi Journal of Cleaner Production Volume 289, 20 de março de 2021, 125671

13. David B. Olawade, Oluwaseun Fapohunda, Ojima Z. Wada, Sunday O. Usman, Abimbola O. Ige, Olawale Ajisafe, Bankole I. Oladapo, Journal of Waste Management Bulletin 2 (2024)244-263.

14. Igor Pinhal Luqueci Thomaz Boletim de Gestão de Resíduos Volume 1, Número 3, dezembro de 2023, Páginas 11-17.

15. I. Ihsanullah, Gulzar Alam, Arshad Jamal, Feroz Shaik , Journal of Chemosphere, Volume 309, Parte 1, dezembro de 2022, 136631

16. Mehrdad Arashpour, Journal of Environmental Management, Volume 342, 15 de setembro de 2023, 118149

17. Rapeepan Pitakaso, Thanatkij Srichok, Surajet Khonjun, Paulina Golinska-Dawson, Sarayut Gonwirat, Natthapong Nanthasamroeng, Chawis Boonmee, Ganokgarn Jirasirilerd, Peerawat Luesak, Journal of Waste Management, Volume 183, 30 de junho de 2024, Páginas 87-100.

18. Devika Kannan, Shakiba Khademolqorani, Nassibeh Janatyan, Somaieh Alavi , Journal of Waste Management Volume 174, 15 de fevereiro de 2024, Páginas 1-14

19. Amirhossein Ershadi, Michael Finkel, Bernd Susset, Peter Grathwohl, Journal of Waste Management Volume 171, 1 de novembro de 2023, Páginas 337-349

20. Ankun Xu, Huimin Chang, Yingjie Xu, Rong Li, Xiang Li, Yan Zhao, Journal of Waste Management, Volume 124, 1 de abril de 2021, Páginas 385-402

21. Weisheng Lu, Junjie Chen, Journal of Waste Management Volume 142, 1 de abril de 2022, Páginas 29-43

22. Yu-Hao Lin, Wei-Lung Mao, Haris Imam Karim Fathurrahman , Journal of Waste Management, Volume 174, 15 de fevereiro de 2024, Páginas 597-604.

23. Demetris Demetriou, Pavlos Mavromatidis, Ponsian M. Robert, Harris Papadopoulos, Michael F. Petrou, Demetris Nicolaides, Journal of Waste Management Volume 167, 15 de julho de 2023, Páginas 194-203

24. Sunayana, Sunil Kumar, Rakesh Kumar Journal of Waste Management Volume 121, 15 de fevereiro de 2021, Páginas 206-214

25. Mahmuda Akhtar, M.A. Hannan, R.A. Begum, Hassan Basri, Edgar Scavino, Journal of Waste Management Volume 61, março de 2017, Páginas 117-128.

26. Khanh Nguyen-Trong, Anh Nguyen-Thi-Ngoc, Doanh Nguyen-Ngoc, Van Dinh-Thi-Hai, Journal of Waste Management Volume 59, janeiro de 2017, Páginas 14-22

27. M.A. Hannan, Mahmuda Akhtar, R.A. Begum, H. Basri, A. Hussain, Edgar Scavino, Journal of Waste Management, Volume 71, janeiro de 2018, Páginas 31-41.

28. Ikechukwu Offie, Farzad Piadeh, Kourosh Behzadian, Luiza C. Campos , Rokiah Yaman, Journal of Waste Management, Volume 158, 1 de março de 2023, Páginas 66-75.

29. G. Koinig, N. Kuhn, T. Fink, E. Grath, A. Tischberger-Aldrian, Journal of Waste Management, Volume 174, 15 de fevereiro de 2024, Páginas 290-299

30. Tri Thanh Nguyen, Thanh Tung Luu, Phuoc Thanh An Tong, Gestão de resíduos Volume 179, 30 de abril de 2024, Páginas 154-162

31. Youngjun Jeon a, Woojin Seol b, Soohyun Kim a, Kyung-Soo Kim , Waste Management, Volume 166, 1 de julho de 2023, Páginas 315-324.

32. Anoosha M , Nayana Haridas, Nithya N, Vismaya S, Ambarish A, Journal of Artificial Intelligence and Capsule Networks, Volume - 6,Issue - 2, june 2024.

33. R. Anitha, R. Maruthi, S. Sudha, Global Transitions Proceedings, Volume 3, Edição 1, junho de 2022, Páginas 100-103

34. Katarzyna Bernat, Energies 2023, 16(8), 3504; https://doi.org/10.3390/en16083504

35. Jie Chen , Shoujun Huang , S. BalaMurugan , G.S. Tamizharasi, Journal of Environmental Impact Assessment Review Volume 87, março de 2021, 106498.

36. Piotr Nowakowski, Krzysztof Szwarc , Urszula Boryczk , Journal of Elsvier Science of The Total Environment Volume 730, 15 de agosto de 2020, 138726.

37. AV Shreyas Madhav, Raghav Rajaraman, Cinu C Kiliroor, Gestão e Investigação de Resíduos: O Jornal de gestão e pesquisa de resíduos, 2021, Volume 40, Edição 7.

38. Piotr Nowakowski, Krzysztof Szwarc, Urszula Boryczka , Journal of Elsevier, Transportation Research Part D: Transport and Environment, Volume 63, agosto de 2018, Páginas 1-22.

39. Mohsin Ali Khan, Mian Muhammad Usman, Fahad Alsharari, Ahmed M. Yosri, Fahid Aslam, Majed Alzara, Marwa Nabil, Elsevier journal of Construction and Building Materials, Volume 394, 29 de agosto de 2023, 132012.

40. Olivea Sarkar, Avick Kumar Dey, Tripti Malik, Int J Biomed Clin Anal Vol 3 No 2 dezembro 2023

41. Aravind Kumar Subramanian a, Dineshkumar Thayalan b, Andrew Ian Edwards c, Abdullah Almalki d, Adith Venugopal , Environmental Technology & Innovation, Volume 24, novembro de 2021, 101807.

42. Nallapaneni Manoj Kumar , Mazin Abed Mohammed , Karrar Hameed Abdulkareem , Robertas Damasevicius , Salama A. Mostafa , Mashael S. Maashi f, Shauhrat S. Chopra Journal of Process Safety and Environmental Protection, Volume 152, agosto de 2021, Páginas 482-494.

43. Poorva Agrawal, Gagandeep Kaur, Snehal Sagar Kolekar, Journal of Soft Computing Letters, Volume 3, dezembro de 2021, 100008.

44. Shubo Zhang, Ying Jin, Wenkang Chen, Jinfeng Wang, Yanru Wang, Hongqiang Ren, Elsevier Journal of Chemosphere, Volume 336, setembro de 2023, 139163.

45. Lin Zhao, Tianjiao Dai, Zhi Qiao , Peizhe Sun , Jianye Hao, Yongkui Yang, Journal of Process Safety and Environmental Protection, Volume 133, janeiro de 2020, Páginas 169-182.

46. Soma Safeer , Ravi P. Pandey , Bushra Rehman , Tuba Safdar , Iftikhar Ahmad , Shadi W. Hasan , Asmat Ullah, Journal of Water Process Engineering, Volume 49, outubro de 2022, 102974.

47. Nitin Kumar Singh , Manish Yadav , Vijai Singh , Hirendrasinh Padhiyar , Vinod Kumar , Shashi Kant Bhatia , Pau-Loke Show, Journal of Bioresource Technology,Volume 369, fevereiro de 2023, 128486.

48. Vahid Nourani, Gozen Elkiran, S. I. Abba, Water Sci Technol (2018) 78 (10): 2064-2076. https://doi.org/10.2166/wst.2018.477

49. Arti Malviya e Dipika Jaspal, Journal of Environmental Technology Reviews Volume 10, 2021 - Número 1

50. Mohammadreza Kamali, Lise Appels, Xiaobin Yu, Tejraj M. Aminabhavi , Raf Dewil, Chemical Engineering Journal, Volume 417, 1 de agosto de 2021, 128070.

51. Ehsan Aghdam, Saeed Reza Mohandes, Patrick Manu, Clara Cheung, Akilu Yunusa-Kaltungo, Tarek Zayed Journal of Cleaner Production, Volume 405, 15 de junho de 2023, 137019.

52. Majid Gholami Shirkoohi, Rajeshwar Dayal Tyagi, Peter A. Vanrolleghem & Patrick Drogui, Journal of Environmental Health Science and Engineering , Volume 20, páginas 1089-1109, (2022).

53. Tauha Hussain Ali, Tauha Hussain Ali, Nafees Ahmed Memon, Aftab Hamed Memon, Hafiz Usama Imad, Shabir Hussain Khahro, 8ª Conferência Internacional sobre Tecnologia e Gestão Industrial (ICITM), IEEE Xplore (2019).

54. Shanuka Dodampegama, Lei Hou, Ehsan Asadi, Guomin Zhang, Sujeeva Setunge,Journal of Resources, Conservation and Recycling Volume 202, março de 2024, 107375.

55. Lukman A. Akanbi a d, Ahmed O. Oyedele b, Lukumon O. Oyedele a, Rafiu O. Salami, Journal of Cleaner Production Volume 274, 20 de novembro de 2020, 122843.

56. Gi-Wook Cha, Hyeun Jun Moon, Young-Chan Kim, Journal of Cleaner Production Volume 375, 15 de novembro de 2022, 134096.

57. Gulnur Coskuner, Majeed S Jassim e Seda Karateke, Gestão e Investigação de Resíduos: O Jornal para uma Economia Circular Sustentável Volume 39, Edição 3 (2021).

58. Ke Zhang, Ye Qing, Qasim Umer, Fahad Asmi, Journal of Environmental Management Volume 345, 1 de novembro de 2023, 118823.

59. Yu Gao, Jiayuan Wang, Xiaoxiao Xu , Journal of Automation in Construction Volume 162, junho de 2024, 105380.

60. Kunsen Lin, Tao Zhou, Xiaofeng Gao, Zongshen Li, Huabo Duan, Huanyu Wu, Guanyou Lu, Youcai Zhao, Journal of Environmental Management Volume 318, 15 de setembro de 2022.

61. V. Nezerka, T. Zbiral, J. Trejbaljournal of Expert Systems with Applications, Volume 238, Parte A, 15 de março de 2024, 121568.

62. Yuedong Ku, Jianhong Yang, Huaiying Fang, Wen Xiao & Jiangteng Zhuang ,Springerlink, Journal of Material Cycles and Waste Management, Volume 23, páginas 8495, (2021).

63. Adriana Trocoli Abdon Dantas, Monica Batista Leite, Koji de Jesus Nagahama, Journal of Construction and Building Materials Volume 38, janeiro de 2013, Páginas 717-722.

64. Marco DorigoMarco DorigoThomas StutzleThomas StutzleTu Darmstadt, Handbook, F. Glover e G. Kochenberger (Eds.), InternationalSeries in Operations Research and Management Science, Kluwer, 2001.

65. Muhammad Zar Zaid Harith, Mohammad Asif Hossain, Mohammad Asif HossainIsmail Ahmedy, Ismail Ahmedy, Rafidah Md. NoorRafidah Md. Noor, IOP Coference series, Material Science and Engineering, 884(2020)012051.

66. Cong Wang, Jiongming Qin, Cheng Qu, Xu Ran, Chuanjun Liu , Bin Chen, Gestão de resíduos

Volume 135, novembro de 2021, Páginas 20-29.

67. Sumaiya Thaseen Ikram, Vanitha Mohanraj, Sakthivel Ramachandran, Anbarasu Balakrishnan, Journal of Appl. Sci. 2023, 13, 3943. https://doi.org/10.3390/app13063943.

68. Mahmuda Akhtar, M.A. Hannan, R.A. Begum, Hassan Basri, Edgar Scavino, Gestão de Resíduos

Volume 61, março de 2017, Páginas 117-128.

69. Farouq S. Mjalli, S. Al-Asheh, H.E. Alfadala, Journal of Environmental Management Volume 83, Número 3, maio de 2007, Páginas 329-338.

70. R. Noori, M.A. Abdoli, A. Ameri Ghasrodashti, M. Jalili Ghazizade, Journal of environmental progress and sustainable energy, Volume28, Issue2, julho de 2009, Páginas 249258.

71. P. A. Adedeji, S. O. Masebinu, S. A. Akinlabi, N. Madushele, Book Optimization Using Evolutionary Algorithms and Metaheuristics, Taylor & Francis,Edition 1st Edition,First Published 2019, Imprint CRC Press, Pages 17,eBook ISBN 9780429293030.

72. Minsoo Kim, Yejin Kim, Hyosoo Kim, Wenhua Piao & Changwon Kim, Frontiers of Environmental Science & Engineering (Springerlink)Volume 10, páginas 299-310, (2016).

73. Zhao Lun, Yunlong Pan, Sen Wang, Zeshan Abbas, Md Shafiqul Islam & Sufeng Yin , International Journal of Computational Intelligence Systems,Volume 16, artigo número 139, (2023) .

74. Muhammad Faisal, Sushovan Chaudhury, K. Sakthidasan Sankaran, S. Raghavendra, R. Jothi Chitra, Malathi Eswaran, Rajasekhar Boddu,Willley online library 26 de maio de 2022.

75. M. Karthikeyan,T. S. Subashini & R. Jebakumar, Journal of Automated Software Engineering, Volume 28, artigo número 17, (2021).

76. Sichen Chen a, Lu Yu a, Chenmu Zhang b, Yufeng Wu a, Tianyou Li, Journal of Environmental Management, Volume 339, 1 de agosto de 2023, 117942.

77. Shuang Liang a, Yu Gu,Waste Management, Volume 126, 1 de maio de 2021, Páginas 247-257.

78. Olugboja Adedeji, Zenghui Wang, Procedia Manufacturing, Volume 35, 2019, Páginas 607612.

79. Maryam Abbasi, Ali El Hanandeh, Gestão de Resíduos, Volume 56, outubro de 2016, Páginas 13-22.

80. Anushka G. Satav, Sunidhi Kubade, Chinmay Amrutkar, Gaurav Arya & Ashish Pawar, International Journal on Interactive Design and Manufacturing (IJIDeM) , Volume 17, páginas 2789-2806, (2023).

81. S. R. Jino Ramson, D. Jackuline Moni, S. Vishnu, Theodoros Anagnostopoulos, A. Alfred Kirubaraj & Xiaozhe Fan, Journal of Material Cycles and Waste Management, Volume 23, páginas 516-525, (2021).

82. Tariq Ali, Muhammad Irfan, Abdullah Saeed Alwadie & Adam Glowacz, Arabian Journal for Science and Engineering , Volume 45, páginas 10185-10198, (2020).

83. R. Anitha, R. Maruthi, S. Sudha, Global Transitions Proceedings Volume 3, Edição 1, junho de 2022, Páginas 100-103.

84. R. A. Burange, Parikshit D. Chakole, Om P. Agre , Umendra Thakre, International Journal of Advanced Research in Computer and Communication Engineering, Vol-13, issue-3,2024.

85. Fatma Gul Altin, ibrahim Budak, Fatma Ozcan, Sustainable Chemistry and Pharmacy Volume 33, junho de 2023, 101060.

86. De-Cheng Feng, Zhen-Tao Liu, Xiao-Dan Wang, Yin Chen, Jia-Qi Chang, Dong-Fang Wei, Zhong-Ming Jiang, Construção e Materiais de Construção, Volume 230, 10 de janeiro de 2020, 117000.

87. Nitin Kumar Singh , Manish Yadav, Vijai Singh, Hirendrasinh Padhiyar, Vinod Kumar, Shashi Kant Bhatia, Pau-Loke Show, Bioresource Technology, Volume 369, fevereiro de 2023, 128486.

Índice

yes
I want morebooks!

Buy your books fast and straightforward online - at one of world's fastest growing online book stores! Environmentally sound due to Print-on-Demand technologies.

Buy your books online at
www.morebooks.shop

Compre os seus livros mais rápido e diretamente na internet, em uma das livrarias on-line com o maior crescimento no mundo! Produção que protege o meio ambiente através das tecnologias de impressão sob demanda.

Compre os seus livros on-line em
www.morebooks.shop

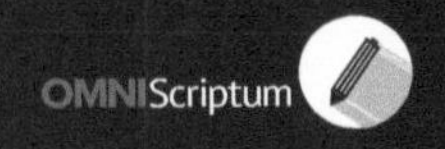